Andreas Wolf

Ähnliche Matrizen, Eigenwerte, Eigenvektoren

GRIN Verlag

Bibliografische Information der Deutschen Nationalbibliothek:

Die Deutsche Bibliothek verzeichnet diese Publikation in der Deutschen Nationalbibliografie; detaillierte bibliografische Daten sind im Internet über http://dnb.d-nb.de/ abrufbar.

Impressum:

Druck und Bindung: Books on Demand GmbH, Norderstedt Germany
ISBN: 978-3-640-20313-0

Dieses Buch bei GRIN:

http://www.grin.com/de/e-book/28770/aehnliche-matrizen-eigenwerte-eigenvektoren

Ähnliche Matrizen, Eigenwerte, Eigenvektoren

Thema Nr. 8 des Seminars "Ausgewählte Gebiete der Analysis und der Linearen Algebra"

Andreas Wolf

Inhaltsverzeichnis

1 Einleitung

„Übrigens wird mir denn doch bei dieser Gelegenheit immer deutlicher, was ich schon lange im Stillen weiß, dass diejenige Kultur, welche die Mathematik dem Geiste gibt, äußerst einseitig und beschränkt ist." [1]

Dies ist eine Passage aus dem Brief Goethes an Karl Friedrich Zelter vom 28.Februar 1811. Darin fällt Goethe ein vernichtendes Urteil über die Mathematik allgemein und die Denkhaltung, die diese beim Menschen hervorruft. Die Mathematik bietet in seinen Augen eine zu einseitige und beschränkte Sichtweise der Welt. Sie wendet sich ab von der Realität. Daraus lässt sich auch schließen, dass Sinn und Zweck der Mathematik zu oft vernachlässigt werden. Und gerade da setzt dieses Seminar an. Es soll zunächst ein tieferes Verständnis der Mathematik und der einzelnen mathematischen Konzepte vermitteln. Daher werden auch in der folgenden Arbeit jeweils Beweise angeführt, die zum Verständnis der Themen unabdingbar sind. Zusätzlich werden auch die Anwendungsbereiche der einzelnen Konzepte erwähnt, damit die Zusammenhänge zwischen den jeweiligen Konzepten – auch innerhalb der Themen des gesamten Seminars – erkennbar werden.

Ebenso wie in der vorherigen Arbeit wird auch in unserer Arbeit auf Themen der Linearen Algebra eingegangen, die heute in der Wirtschaftspraxis so häufig wie kein anderes Gebiet der Mathematik angewandt wird. Vor allem die Matrizenrechnung kann auf vielfältige Weise im Rechnungswesen eingesetzt werden, so z. B. in der Kostenrechnung oder im Controlling. Mit Hilfe von linearen Gleichungssystemen werden ökonomische Beziehungen beschrieben und erst durch den Einsatz der linearen Planungsrechnung können ökonomische Entscheidungsprobleme gelöst werden.

Unsere Arbeit wird speziell vier Teilgebiete oder Teilaspekte der Linearen Algebra behandeln, die in einem engen Zusammenhang stehen. Als Grundlage für die späteren Ausführungen muss zunächst der Begriff der Determinante erläutert werden. Daran anschließend wird auf Ähnliche Matrizen eingegangen, die letztlich erst zum Eigenwert und zum Eigenvektor führen. Nach der theoretischen Einführung wird noch einmal ausführlicher auf den Anwendungsbezug oder die praktische Relevanz eingegangen. Denn gerade der Begriff Eigenwert kann in dreierlei Hinsicht angewandt werden. Zunächst spielt der Eigenwert quadratischer, symmetrischer Matrizen eine Rolle im Zusammenhang mit Maximierungs- und Minimierungsaufgaben bei Funktionen mit mehren Variablen. Dann benötigt man für die Behandlung und Lösung von linearen Differenzen- und Differentialgleichungen erster Ordnung grundlegende Kenntnisse über Eigenwerte quadratischer Matrizen und deren Eigenschaften. Und schließlich kann die Eigenwerttheorie von quadratischen Matrizen dazu genutzt werden, lineare Wachstums- bzw. Ausbreitungsprozesse in der Ökonomie zu beschreiben.[2]

Die Verbindung zu den ersten Arbeiten, die alles Themen aus der Analysis behandelten, kann erst durch diese Anwendungen gezogen werden. Oberflächlich betrachtet entdeckt man kaum

[1] Vgl. Radbruch 1997, S.VII.

[2] Vgl. Opitz 1995, S.331.

Gemeinsamkeiten zwischen den Methoden der Differentialrechnung und der Linearen Algebra. Stetigkeit, Differenzierbarkeit usw. stehen Linearen Gleichungssystemen, Matrizen usw. gegenüber und man findet nur schwer einen Zusammenhang zwischen diesen Bereichen. Gemeinsam haben sie nur ihren Anwendungsbereich. In der Wirtschaft hat vor allem das ökonomische Prinzip (Rationalprinzip) besondere Bedeutung. Dies führt dann zur Formulierung von Minimierungsaufgaben („Erreiche ein bestimmtes Ziel mit dem Einsatz möglichst geringer Mittel") oder von Maximierungsaufgaben („Suche das größtmögliche Ergebnis unter Einsatz verfügbarer Faktoren"). Und gerade zu diesen Problemen stellen beide – Analysis und Lineare Algebra – wirksame Werkzeuge zur Lösung bereit.[3]

2 Determinanten

2.1 Begriffliche Einführung

Als *Determinante* bezeichnet man eine reelle Zahl, die jeder quadratischen Matrix **A** eindeutig zugeordnet werden kann, d. h. sie ist für jede Matrix dieses Typs eindeutig definiert. Und eben diese Determinante und deren Berechnung spielen in der Matrizenrechnung eine wichtige Rolle. Bezogen auf diese Arbeit ist das Wissen um die Determinante Voraussetzung für die späteren Ausführungen bzgl. der Eigenwerte und Eigenvektoren. Eine eigenständige ökonomische Bedeutung kann den Determinanten aber nur schwer zugerechnet werden. Daher ist es auch schwierig, die Determinanten anders als über eine ziemlich willkürlich erscheinende Definition einzuführen.[4]

2.2 Determinantenformeln

Um dieses Manko zu beseitigen und zu zeigen, dass Determinanten mehr sind als nur abstrakte mathematische Gebilde, wird die geometrischen Interpretation der Determinanten in Folgenden erläutert. [5]

Dabei gehen wir von zwei Vektoren $\mathbf{a_1}^T = (a_{11} \quad a_{12})$ und $\mathbf{a_2}^T = (a_{21} \quad a_{22})$ aus, die ein Parallelogramm aufspannen,wie in Abb. 2.1 verdeutlicht wird.

[3] Vgl. Ohse 2000, S.275.

[4] Vgl. Ohse 2000, S.243.

[5] Vgl. Rommelfanger 2002, S.171f.

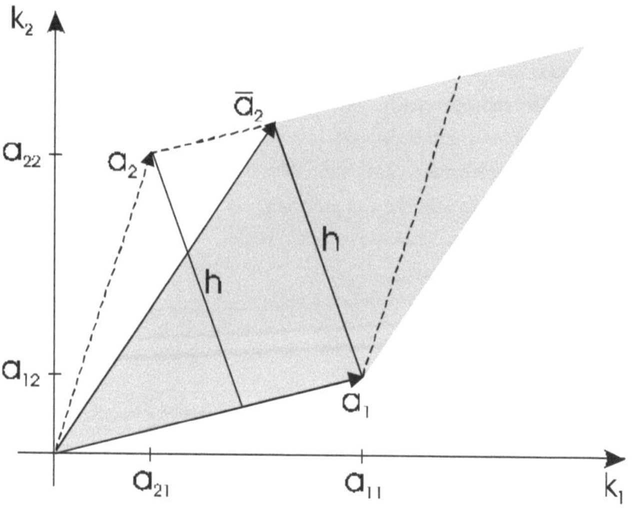

Abb. 1: Fläche des Ursprungsparallelogramms und des verschobenen Parallelogramms

Die Fläche $F(\mathbf{a}_1, \mathbf{a}_2)$ ergibt sich elementargeometrisch als Produkt aus der Grundlinie und der Höhe. Auf unser Beispiel bezogen bedeutet das, aus dem Produkt einer der beiden Seiten z. b. $\mathbf{a}_1$ mit dem Abstand der zu ihr parallelen Seite, der als h bezeichnet wird.

$$F(\mathbf{a}_1, \mathbf{a}_2) = \|\mathbf{a}_1\| \cdot h$$

Jetzt betrachten wir ein anderes Parallelogramm, das von den Vektoren $\mathbf{a}_1$ und $\overline{\mathbf{a}}_2 = \mathbf{a}_2 - \lambda\, \mathbf{a}_1$ mit beliebigen $\lambda \in \mathbf{R}$ aufgespannt wird, wie ebenfalls in Abb. 2.1 zu sehen ist. Dieses Parallelogramm hat dieselbe Grundlinie $\mathbf{a}_1$ und dieselbe Höhe h, daraus folgt, dass es auch den gleichen Flächeninhalt aufweisen muss. Somit gilt

$$F(\mathbf{a}_1, \mathbf{a}_2) = F(\mathbf{a}_1, \mathbf{a}_2 - \lambda\, \mathbf{a}_1) \qquad \forall \lambda \in \mathbf{R}$$

Die Fläche des Parallelogramms ändert sich also nicht, wenn man einen der Vektoren durch eine Linearkombination beider Vektoren ersetzt. Daher gilt auch

$$F(\mathbf{a}_1, \mathbf{a}_2) = F(\mathbf{a}_1 - \mu\, \mathbf{a}_2, \mathbf{a}_2) \qquad \forall \mu \in \mathbf{R}$$

Um diese eine Fläche zu berechnen, verschieben wir einen Vektor zunächst so, dass er auf einer Achse liegt. Das bedeutet, dass eine Komponente dieses Vektors gleich Null sein muss. In der Abb. 2.2 ist der Vektor $\mathbf{a}_2$ auf die k_2-Achse verschoben worden, daraus folgt, dass die 1.Komponente des Vektors $\mathbf{a}_2 - \lambda\, \mathbf{a}_1 = \begin{pmatrix} a_{12} - \lambda\, a_{11} \\ a_{22} - \lambda\, a_{21} \end{pmatrix}$ gleich null sein muss. Anschließend müssen wir λ entsprechend wählen, d. h. es muss gelten $\lambda = \dfrac{a_{12}}{a_{11}}$

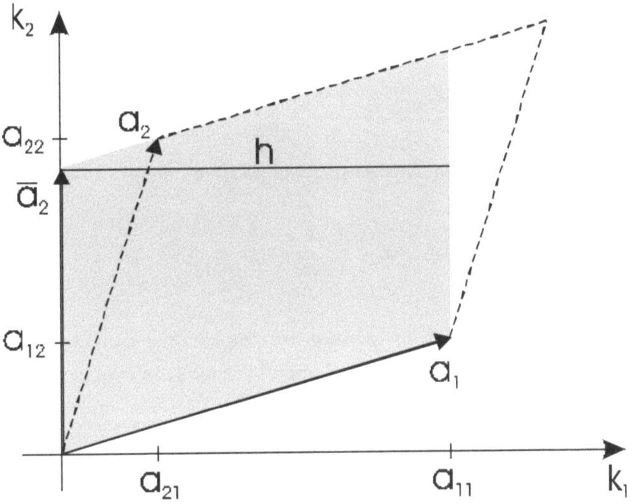

Abb. 2: Parallelogramm, dessen eine Grundlinie in Ordinatenrichtung liegt

Die Länge des Vektors $\mathbf{a_2} - \lambda\,\mathbf{a_1}$ und damit die Grundlinie unseres Parallelogramms ist identisch mit dem Betrag der 2.Komponente. Daraus folgt:

$$\left\|\mathbf{a_2} - \lambda\,\mathbf{a_1}\right\| = \left|a_{22} - \frac{a_{12}}{a_{11}} a_{21}\right|$$

Die Höhe des Parallelogramms ist gleich a_{11}, wie aus der Abbildung ersichtlich wird.

Insgesamt kann man die Fläche des Parallelogramms durch die folgende Rechnung ermitteln:

$$F(\mathbf{a_1}, \mathbf{a_2}) = F(\mathbf{a_1}, \mathbf{a_2} - \lambda\,\mathbf{a_1}) = a_{11} \cdot \left|a_{22} - \frac{a_{12}}{a_{11}} a_{21}\right|$$

$$F(\mathbf{a_1}, \mathbf{a_2}) = \left|a_{11}a_{22} - a_{12}a_{21}\right| \qquad (1)$$

Diese Umformungen waren nur für den Fall $a_{11} \neq 0$ zulässig. Ist $a_{11} = 0$ und gilt $a_{21} \neq 0$, verschiebt man das Parallelogramm so, dass der andere Vektor auf der k_1-Achse liegt. Jetzt muss die 2.Komponente des Vektors gleich null werden. Wir erhalten ein anderes λ, die Länge ist gleich dem Betrag der 1.Komponente und die Höhe ist a_{21}. Im Endeffekt erhält man wieder die obige Formel, die somit allgemein gilt.

Tritt der Sonderfall ein, dass $a_{11} = a_{21} = 0$, dann ist $\mathbf{a_1}$ ein Nullvektor. Es wird gar keine Fläche von den beiden Vektoren aufgespannt und es gibt praktisch nur eine Strecke, die durch dem Vektor $\mathbf{a_2}$ entsteht.

Nach diesen Vorüberlegungen kommen wir zur allgemeineren Aussage.

Definition 2.1:

Gegeben sei eine 2x2-Matrix $\mathbf{A} = \begin{pmatrix} a_{11} & a_{12} \\ a_{21} & a_{22} \end{pmatrix} = (\mathbf{a_1}, \mathbf{a_2})$.

Als *Determinante* von **A** bezeichnen wir den Wert $a_{11}a_{22} - a_{12}a_{21}$ und schreiben symbolisch dafür

$$\det \mathbf{A} = |\mathbf{A}| = \begin{vmatrix} a_{11} & a_{12} \\ a_{21} & a_{22} \end{vmatrix} = a_{11}a_{22} - a_{12}a_{21}$$

Etwas eingängiger ist dieser Merksatz, bei dem man sich die Determinante nur bildlich vorstellen muss: „Das Produkt der Glieder auf einem Pfeil von links oben nach rechts unten hat ein positives Vorzeichen, das Produkt der Glieder auf einem Pfeil von links unten nach rechts oben hat ein negatives Vorzeichen.

Was oben im zweidimensionalen Raum gezeigt wurde, lässt sich auch auf den $\mathbf{R}^3$ übertragen. Für die geometrischen Erläuterungen und die Herleitung der folgenden Definition wird aber auf die Literatur verwiesen.[6] Letztlich erhalten wir auch hier eine allgemeine Rechenregel, die für alle 3x3-Matrizen gilt.

Definition 2.2:

Gegeben sei ein 3x3-Matrix $\mathbf{A} = \begin{pmatrix} a_{11} & a_{12} & a_{13} \\ a_{21} & a_{22} & a_{23} \\ a_{31} & a_{32} & a_{33} \end{pmatrix} = (\mathbf{a_1}, \mathbf{a_2}, \mathbf{a_3})$.

Als *Determinante* von **A**, symbolisch ausgedrückt mit $|\mathbf{A}|$ oder det **A**, bezeichnen wir den Wert

$$\det \mathbf{A} = |\mathbf{A}| = \begin{vmatrix} a_{11} & a_{12} & a_{13} \\ a_{21} & a_{22} & a_{23} \\ a_{31} & a_{32} & a_{33} \end{vmatrix}$$

$$= a_{11}a_{22}a_{33} + a_{12}a_{23}a_{31} + a_{13}a_{21}a_{32} - a_{13}a_{22}a_{31} - a_{11}a_{23}a_{32} - a_{12}a_{21}a_{33}. \quad (2)$$

Diese letzte Gleichung ist auch als Sarrus'sche Regel[7] bekannt. Hierbei erweitert man die Matrix um die ersten beiden Spalten und fügt diese wieder rechts an.

$$\mathbf{A}^* = \begin{pmatrix} a_{11} & a_{12} & a_{13} & a_{11} & a_{12} \\ a_{21} & a_{22} & a_{23} & a_{21} & a_{22} \\ a_{31} & a_{32} & a_{33} & a_{31} & a_{32} \end{pmatrix}$$

---

[6] Vgl. Rommelfanger 2002, S.173f.

[7] Vgl. Ohse 2000, S.249.

Daher gibt es jetzt drei Hauptdiagonalen und drei Nebendiagonalen. Nun besagt die Regel von Sarrus:

Satz 2.1:

Der Wert der Determinante einer Matrix **A** dritter Ordnung ist gleich der Summe der Produkte der Hauptdiagonalen abzüglich der Summe der Produkte der Nebendiagonalen der erweiterten Matrix **A***.

Im $\mathbf{R}^2$ und $\mathbf{R}^3$ lässt sich die Determinante somit anschaulich erklären. Damit kann in Vektorräumen höherer Ordnung und auch schon im Eindimensionalen leider nicht mehr gedient werden. Daher werden im Folgenden nur noch die Definitionen genannt. Zunächst für eine 1x1-Matrix und dann eine allgemeine Formel für alle nxn-Matrizen.

Definition 2.3: *(speziell für Matrizen erster Ordnung)* [8]

Für eine Matrix erster Ordnung $\mathbf{A} = (a_{11})$ gilt

$$\det \mathbf{A} = a_{11} \tag{3}$$

Definition 2.4: *(allgemeine Formel)*[9]

Für die *Determinante* einer Matrix n-ter Ordnung gilt

$$\det \mathbf{A} = \begin{vmatrix} a_{11} & a_{12} & \cdots & a_{1n} \\ a_{21} & a_{22} & \cdots & a_{2n} \\ \vdots & \vdots & \ddots & \vdots \\ a_{n1} & a_{n2} & \cdots & a_{nn} \end{vmatrix}$$

$$= \sum_{P(j)} (-1)^{I(j)} a_{1j_1} \cdot a_{2j_2} \cdot \ldots \cdot a_{nj_n} \tag{4}$$

Dabei wird über sämtliche Permutationen $P(j)$ des zweiten Index j summiert; $I(j)$ steht für die Anzahl der Inversionen der jeweiligen Permutation.

Diese Formel ist äußerst unhandlich und soll daher an einem Beispiel erläutert werden.

Beispiel 1:

Wir betrachten eine Determinante dritter Ordnung, die nach dieser Definitionsgleichung berechnet werden soll. Als erstes bestimmen wir die Anzahl der Summanden, d. h. alle möglichen Permutationen $(j_1, j_2, \ldots, j_n)$ der Spaltenindizes müssen ermittelt werden. Dabei kommen $n!$ mögliche Anordnungen der Indizes $(1,2,\ldots,n)$ heraus und es tritt jeder Spaltenindex in jedem Produkt genau

[8] Vgl. Ohse 2000, S.248.

[9] Vgl. Rommelfanger 2002, S. 176.

einmal auf, daraus folgt schließlich, dass es genau $n!$ Summanden gibt. Für unser Beispiel besitzt die Summe also 3! = 6 Summanden.

Das Vorzeichen der jeweiligen Summanden ergibt sich schließlich aus der Anzahl der Inversionen der jeweiligen Permutation, d. h. der Anzahl der Vertauschungen benachbarter Indizes, die notwendig sind, um die jeweilige Permutation wieder in die ursprüngliche Reihenfolge zu überführen. Kommt dabei eine gerade Inversionszahl heraus, erhält der Summand ein positives Vorzeichen; bei ungerader Anzahl wird das Produkt subtrahiert. Dies wird gerade durch das Potenzieren von (-1) verursacht.

Die sechs möglichen Permutationen und die dazugehörende Anzahl der Inversionen werden in der folgenden Tabelle aufgeführt.

Permutationen	(1 2 3)	(1 3 2)	(3 1 2)	(2 1 3)	(2 3 1)	(3 2 1)
Annzahl der Inversionen	0	1	2	1	2	3

Tab. 1: Permutationen der Indizes (1,2,3) und die Anzahl ihrer Inversionen

Jetzt bildet man die Produkte der Koeffizienten jeweils so, dass der erste Index der Faktoren bei allen Summanden konstant ist, d. h. wir suchen als erstes den Koeffizienten immer aus der ersten Zeile heraus. Die Faktoren sind dann in aufsteigender Zahlenfolge sortiert, d. h. anschließend wird ein Koeffizent aus der zweiten und dann aus der dritten Zeile ausgewählt. Aus jeder Zeile wird somit genau ein Koeffizent im Produkt auftauchen.

Daher gilt für eine 3x3-Matrix:

$$\det \mathbf{A} = \begin{vmatrix} a_{11} & a_{12} & a_{13} \\ a_{21} & a_{22} & a_{23} \\ a_{31} & a_{32} & a_{33} \end{vmatrix}$$

$$= a_{11}a_{22}a_{33} - a_{11}a_{23}a_{32} + a_{13}a_{21}a_{32} - a_{12}a_{21}a_{33} + a_{12}a_{23}a_{31} - a_{13}a_{22}a_{31}$$

Bringt man die letzte Gleichung in eine andere Reihenfolge, erhält man wieder die bereits bekannte Regel von Sarrus. [10]

Diese Formel ist für alle Matrizen, egal welcher Ordnung, anwendbar, was zunächst einen positiven Aspekt darstellt. Dass die Formel aber dennoch kaum verwandt wird und niemand größere Determinanten mit ihrer Hilfe berechnen wird, liegt an dem hohen Rechenaufwand, der dabei auftreten wird. Schon bei einer 4x4-Matrix würde die Anzahl der Summanden 4! = 24 betragen und jeder dieser Summanden ist ein Produkt aus vier Gliedern.

[10] Vgl. Ohse 2000, S.250f.

Daher wurden zwei neue Methoden entwickelt, die die Berechnung von großen Determinanten erheblich vereinfachen und verkürzen. Das ist zum einen der Entwicklungssatz von *Laplace*[11] und zum anderen die Determinantenberechnung durch Triangulation.[12] Auf beide Verfahren soll aber im Rahmen dieser Arbeit nicht näher eingegangen werden.

2.3 Eigenschaften von Determinanten

Viel wichtiger zum weiteren Verständnis der Arbeit sind dagegen einige Eigenschaften von Determinanten, die nun erläutert und bewiesen werden sollen.

Satz 2.2:

Wird in einer Determinante eine Zeile bzw. Spalte mit einer Zahl λ multipliziert, so multipliziert sich die Determinante mit λ.

Dabei ist entscheidend, dass die Determinante und nicht die Matrix mit einer Zahl multipliziert wird. Wird eine Matrix multipliziert, so muss jedes Element der Matrix mit dieser Zahl multipliziert werden. Wird dagegen eine Determinante mit einer Zahl multipliziert, so muss nur eine Zeile bzw. eine Spalte mit dieser Zahl multipliziert werden. [13]

Beweis:[14]

$$|\mathbf{A}| \cdot \lambda = \begin{vmatrix} a_{11} & a_{12} \\ a_{21} & a_{22} \end{vmatrix} \cdot \lambda = \begin{vmatrix} a_{11} \cdot \lambda & a_{12} \cdot \lambda \\ a_{21} & a_{22} \end{vmatrix}$$

$$= (a_{11} \cdot \lambda \cdot a_{22} - a_{21} \cdot a_{12} \cdot \lambda) = (a_{11}a_{22} - a_{21}a_{12}) \cdot \lambda$$

Satz 2.3:

Vertauscht man zwei Zeilen bzw. Spalten einer Determinante, so ändert sich lediglich das Vorzeichen der Determinante.

Beweis:[15]

$$|\mathbf{A}| = \begin{vmatrix} a_{11} & a_{12} \\ a_{21} & a_{22} \end{vmatrix} = a_{11}a_{22} - a_{21}a_{12}$$

$$\left|\mathbf{A}^{v}\right| = \begin{vmatrix} a_{12} & a_{11} \\ a_{22} & a_{21} \end{vmatrix} = a_{12}a_{21} - a_{22}a_{11} = -\begin{vmatrix} a_{11} & a_{12} \\ a_{21} & a_{22} \end{vmatrix}$$

---

[11] Vgl. Rommelfanger 2002, S.181f.

[12] Vgl. Ohse 2000, S.263f.

[13] Vgl. Rommelfanger 2002, S.177.

[14] Vgl. Köhler 1998, S.87.

[15] Vgl. Köhler 1998, S.86.

Satz 2.4:

Sind zwei Zeilen oder Spalten einer Determinante gleich, dann hat die Determinante den Wert Null.

Beweis:[16]

$$\begin{vmatrix} a_{11} & a_{11} \\ a_{21} & a_{21} \end{vmatrix} = a_{11}a_{21} - a_{11}a_{21} = 0$$

Satz 2.5:

Zwei Determinanten, welche sich nur in einer Zeile bzw. Spalte unterscheiden, kann man addieren, indem man diese beiden Zeilen bzw. Spalten gliedweise addiert.

Beweis:[17]

Die beiden Determinanten $|\mathbf{A}|$ und $|\hat{\mathbf{A}}|$ unterschieden sich nur in der 1.Zeile. Hierfür gilt

$$\begin{aligned} |\mathbf{A}| + |\hat{\mathbf{A}}| &= \sum_{P(j)} (-1)^{I(j)} a_{1j_1} \cdot a_{2j_2} \cdot \ldots \cdot a_{nj_n} + \sum_{P(j)} (-1)^{I(j)} \hat{a}_{1j_1} \cdot a_{2j_2} \cdot \ldots \cdot a_{nj_n} \\ &= \sum_{P(j)} (-1)^{I(j)} \left(a_{1j_1} + \hat{a}_{1j_1}\right) \cdot a_{2j_2} \cdot \ldots \cdot a_{nj_n} . \end{aligned}$$

Satz 2.6: *(Fundamentalsatz der Determinantentheorie)*

Die Determinante einer nxn-Matrix **A** ist dann und nur dann gleich null, wenn die Zeilen- bzw. Spaltenvektoren von **A** linear abhängig sind.

Beweis:[18]

Wir betrachten den Vektor $\mathbf{a}_1$, der eine Linearkombination der beiden Vektoren $\mathbf{a}_2$ und $\mathbf{a}_3$ ist.

$$\mathbf{a}_1 = \begin{pmatrix} a_{11} \\ a_{21} \\ a_{31} \end{pmatrix} = \lambda_1 \begin{pmatrix} a_{12} \\ a_{22} \\ a_{32} \end{pmatrix} + \lambda_2 \begin{pmatrix} a_{13} \\ a_{23} \\ a_{33} \end{pmatrix}$$

Für die Determinante gilt somit

$$\begin{vmatrix} a_{11} & a_{12} & a_{13} \\ a_{21} & a_{22} & a_{23} \\ a_{31} & a_{32} & a_{33} \end{vmatrix} = \begin{vmatrix} \lambda_1 \cdot a_{12} + \lambda_2 \cdot a_{13} & a_{12} & a_{13} \\ \lambda_1 \cdot a_{22} + \lambda_2 \cdot a_{23} & a_{22} & a_{23} \\ \lambda_1 \cdot a_{32} + \lambda_2 \cdot a_{33} & a_{32} & a_{33} \end{vmatrix}$$

[16] Vgl. Köhler 1998, S.87.

[17] Vgl. Rommelfanger 2002, S.179.

[18] Vgl. Rommelfanger 2002, S.179.

Wenn wir denn Satz 2.5 anwenden bzw. umkehren und somit die obige Determinante in zwei Determinanten aufspalten, erhalten wir

$$= \begin{vmatrix} \lambda_1 a_{12} & a_{12} & a_{13} \\ \lambda_1 a_{22} & a_{22} & a_{23} \\ \lambda_1 a_{32} & a_{32} & a_{33} \end{vmatrix} + \begin{vmatrix} \lambda_2 a_{13} & a_{12} & a_{13} \\ \lambda_2 a_{23} & a_{22} & a_{23} \\ \lambda_2 a_{33} & a_{32} & a_{33} \end{vmatrix}$$

Anschließend wenden wir Satz 2.2 an und ziehen λ_1 und λ_2 vor die beiden Determinanten.

$$= \lambda_1 \cdot \begin{vmatrix} a_{12} & a_{12} & a_{13} \\ a_{22} & a_{22} & a_{23} \\ a_{32} & a_{32} & a_{33} \end{vmatrix} + \lambda_2 \cdot \begin{vmatrix} a_{13} & a_{12} & a_{13} \\ a_{23} & a_{22} & a_{23} \\ a_{33} & a_{32} & a_{33} \end{vmatrix}$$

Jetzt erkennen wir, dass in der ersten Determinante die ersten beiden Spalten und in der zweiten Determinante die erste und die dritte Spalte übereinstimmen. Der Wert dieser Determinanten muss somit nach Satz 2.4 jeweils Null betragen.

$$= \lambda_1 \cdot 0 + \lambda_2 \cdot 0 = 0$$

Satz 2.7:

Addiert man zu einer Spalte bzw. zu einer Zeile ein Vielfaches einer anderen Spalte bzw. Zeile, so ändert die Determinante ihren Wert nicht.

Beweis:

Wir addieren das λ-fache der 2.Zeile zur 1.Zeile einer beliebigen nxn-Matrix $\mathbf{A} = (a_{ij})$. Daraus resultiert dann eine Determinante der neuen Matrix, die wie folgt aussieht.

$$\begin{vmatrix} a_{11} + \lambda a_{21} & a_{12} + \lambda a_{22} & \cdots & a_{1n} + \lambda a_{2n} \\ a_{21} & a_{22} & \cdots & a_{2n} \\ \vdots & \vdots & & \vdots \\ a_{n1} & a_{n2} & \cdots & a_{nn} \end{vmatrix}$$

Nachdem Satz 2.5 und Satz 2.2 auf diese Determinante angewandt werden, erhalten wir

$$= \begin{vmatrix} a_{11} & a_{12} & \cdots & a_{1n} \\ a_{21} & a_{22} & \cdots & a_{2n} \\ \vdots & \vdots & & \vdots \\ a_{n1} & a_{n2} & \cdots & a_{nn} \end{vmatrix} + \lambda \cdot \begin{vmatrix} a_{21} & a_{22} & \cdots & a_{2n} \\ a_{21} & a_{22} & \cdots & a_{2n} \\ \vdots & \vdots & & \vdots \\ a_{n1} & a_{n2} & \cdots & a_{nn} \end{vmatrix} = |\mathbf{A}|$$

Da in der zweiten Determinante die ersten beiden Zeilen identisch sind, beträgt der Wert dieser Determinante nach Satz 2.4 Null und es bleibt nur noch die ursprüngliche Determinante übrig.[19]

[19] Vgl. Rommelfanger 2002, S.180.

Diese Erkenntnis ist sehr bedeutend und dient dazu, jede beliebige Determinante in eine Dreiecksdeterminante (Determinante einer Dreiecksmatrix) umzuwandeln, die denselben Wert aufweist, wie die ursprüngliche Determinante. Dieses Prinzip wird auch gerade bei der Triangulation angewandt. Den Wert einer Dreiecksdeterminante können wir jetzt einfach berechnen, da folgender Satz gilt.

Satz 2.8:

Die Determinante einer Dreiecksmatrix ist gleich dem Produkt der Elemente auf der Hauptdiagonalen.[20]

Dieser Satz kann intuitiv bewiesen werden. Bei einer Dreiecksdeterminanten ist das Produkt der Hauptdiagonalelemente der einzige Summand, in dem keine null vorkommt, d. h. nur dieser Summand ist relevant.

$$|\mathbf{A}| = \begin{vmatrix} a_{11} & a_{12} & a_{13} \\ 0 & a_{22} & a_{23} \\ 0 & 0 & a_{33} \end{vmatrix} = a_{11}a_{22}a_{33} + a_{12}a_{23} \cdot 0 + a_{13} \cdot 0 - 0 - 0 - a_{33} \cdot 0 = a_{11}a_{22}a_{33}$$

Neben diesen Eigenschaften ist noch eine weitere Definition für das weitere Verständnis notwendig. Auch durch den Wert der Determinante kann man die Gesamtheit der Matrizen noch mal in zwei Gruppen einteilen. Man unterscheidet zwischen *singulären* und *regulären* Matrizen.

Definition 2.5:

Eine nxn-Matrix mit $|\mathbf{A}| = 0$ bezeichnet man als singulär und eine nxn-Matrix mit $|\mathbf{A}| \neq 0$ als regulär.

Nachdem diese Unterscheidung getroffen wurde, kann man noch zwei *Aussagen über lineare Gleichungssysteme* machen.

1 Betrachten wir ein inhomogenes Gleichungssystem **Ax = b** mit n Gleichungen und n Variablen. Dieses ist genau dann eindeutig lösbar, wenn **A** regulär, d h. $|\mathbf{A}| \neq 0$ ist.

$|\mathbf{A}| \neq 0$ ist äquivalent zu $Rg\ (\mathbf{A}) = n$ und somit lässt sich ein solches Gleichungssystem eindeutig lösen, wenn es den vollen Rang besitzt.

2 Betrachten wir jetzt ein homogenes Gleichungssystem **Ax = 0** mit n Gleichungen und n Variablen. Dieses hat genau dann nichttriviale Lösungen, wenn die Koeffizientenmatrix **A** singulär, d. h. $|\mathbf{A}| = 0$ ist, bzw. wenn der $Rg(\mathbf{A}) < n$ ist.[21]

---

[20] Vgl. Rommelfanger 2002, S.181.

[21] Vgl. Köhler 1998, S.96.

3 Ähnliche Matrizen

Die begriffliche Definition von ähnlichen Matrizen muss zunächst einmal aus der Literatur übernommen werden. Eine eigenständige Bedeutung, z. B. eine geometrische, wie bei den Determinanten, sucht man bei ähnlichen Matrizen vergeblich.

Definition 3.1:

Zwei quadratische nxn-Matrizen **A** und **B** heißen ähnlich, wenn eine reguläre Matrix **C** existiert, so dass [22]

$$\mathbf{B} = \mathbf{C}^{-1} \cdot \mathbf{A} \cdot \mathbf{C}. \qquad (5)$$

Darüber hinaus kann man aus der Gleichung ableiten, dass die Ähnlichkeit von Matrizen symmetrisch ist und daher gilt auch Folgendes. [23]

Definition 3.2:

Wenn **A** zu **B** ähnlich ist, so ist auch **B** zu **A** ähnlich.

Beweis:

Durch Linksmultiplikation mit **C** und durch Rechtsmultiplikation mit $\mathbf{C}^{-1}$ erhalten wir aus Gleichung (5):

$$\mathbf{C} \cdot \mathbf{B} \cdot \mathbf{C}^{-1} = \mathbf{A}$$

Setzten wir $\mathbf{C} = \mathbf{D}^{-1}$ in diese Gleichung ein ergibt sich

$$\mathbf{A} = \mathbf{D}^{-1} \cdot \mathbf{B} \cdot \mathbf{D}$$

Außerdem gilt noch folgender Satz für ähnliche Matrizen.

Satz 3.1:

Gilt $\mathbf{B} = \mathbf{C}^{-1} \cdot \mathbf{A} \cdot \mathbf{C}$, dann ist

$$\mathbf{B}^{k} = \mathbf{C}^{-1} \cdot \mathbf{A}^{k} \cdot \mathbf{C} \text{ für } k = 1,2\ldots \qquad (6)$$

Der Beweis wird mittels vollständiger Induktion vorgenommen. Für $k = 1$ ist dieser Satz per Definition bereits erfüllt. Daher wird nur noch, der Induktionsschluss von m nach $m+1$ zu zeigen sein. Aufgrund der Induktionsannahme gilt Satz 3.1 dann für alle $k=1,2,\ldots,m$; $m \in N$: [24]

---

[22] Vgl. Rommelfanger 2002, S.164.

[23] Vgl. Köhler 1998, S.119.

[24] Vgl. Rommelfanger 2002, S.164f.

$$\mathbf{B}^{m+1} = \mathbf{B} \cdot \mathbf{B}^m$$
$$= (\mathbf{C}^{-1} \cdot \mathbf{A} \cdot \mathbf{C}) \cdot (\mathbf{C}^{-1} \cdot \mathbf{A}^m \cdot \mathbf{C})$$
$$= \mathbf{C}^{-1} \cdot \mathbf{A} \cdot \mathbf{E} \cdot \mathbf{A}^m \cdot \mathbf{C}$$
$$= \mathbf{C}^{-1} \cdot \mathbf{A}^{m+1} \cdot \mathbf{C}$$

Beim Betrachten der Gleichung aus Definition 3.1 wird deutlich, dass es zu einer gegebenen Matrix **A** praktisch unendlich viele ähnliche Matrizen **B** gibt, denn für **C** kann man jede n-reihige reguläre Matrix **C** einsetzen.[25]

Unter den unendlich vielen n-reihigen regulären Matrizen **C** spielt eine eine besondere Rolle. Und zwar die, durch die sich als Ergebnis eine Diagonalmatrix ergibt, d. h. eine ähnliche Matrix wird gesucht, die nur auf der Hauptdiagonalen mit Elementen ungleich null besetzt ist.[26]

$$\mathbf{C}^{-1} \cdot \mathbf{A} \cdot \mathbf{C} = \begin{pmatrix} \lambda_1 & 0 & \dots & 0 \\ 0 & \lambda_2 & & \vdots \\ \vdots & & \ddots & 0 \\ 0 & \dots & 0 & \lambda_n \end{pmatrix} = \mathbf{D} \tag{7}$$

Multipliziert man die Gleichung (7) von links mit **C**, so folgt daraus

$$\mathbf{A} \cdot \mathbf{C} = \mathbf{C} \cdot \mathbf{D} = \mathbf{C} \cdot \begin{pmatrix} \lambda_1 & 0 & \dots & 0 \\ 0 & \lambda_2 & & \vdots \\ \vdots & & \ddots & 0 \\ 0 & \dots & 0 & \lambda_n \end{pmatrix} \tag{8}$$

Die j-te Spalte von **C** bezeichnen wir nun mit c_j, $j = 1, \dots, n$, dann ergibt sich aus obiger Gleichung

$$\mathbf{A} \cdot (c_1, c_2, \dots, c_n) = (c_1, c_2, \dots, c_n) \cdot \begin{pmatrix} \lambda_1 & 0 & \dots & 0 \\ 0 & \lambda_2 & & \vdots \\ \vdots & & \ddots & 0 \\ 0 & \dots & 0 & \lambda_n \end{pmatrix} \tag{9}$$

und anders dargestellt

$$(\mathbf{A} \cdot c_1, \mathbf{A} \cdot c_2, \dots, \mathbf{A} \cdot c_n) = (\lambda_1 \cdot c_1, \lambda_2 \cdot c_2, \dots, \lambda_n \cdot c_n)$$

Diese Matrizengleichung kann man zerlegen in n Gleichungssysteme der Form

$$\mathbf{A} \cdot c_j = c_j \cdot \lambda_j,\ j = 1, \dots, n$$

Da λ_j ein Skalar ist, kann man auf der rechten Seite die Faktoren vertauschen:

---

[25] Hierbei wird auf das Beispiel 1 im Anhang verwiesen.

[26] Hierbei wird auf das Beispiel 2 im Anhang verwiesen.

$$\mathbf{A}\cdot c_j = \lambda_j \cdot c_j, j = 1,\ldots,n \tag{10}$$

Diese Gleichung kann jetzt wiederum als lineare Abbildung des $\mathbf{R}^n$ in sich selbst mit der Transformationsmatrix **A**, die den Vektor c_j in das λ_j-fache dieses Vektors abbildet, interpretiert werden.

Auch dies soll an einem Beispiel illustriert werden.

Beispiel 2:

Wir betrachten eine Matrix $\mathbf{A} = \begin{pmatrix} 3 & 2 \\ 4 & 1 \end{pmatrix}$ und die beiden Vektoren $c_1 = \begin{pmatrix} 1 \\ 1 \end{pmatrix}$ und $c_2 = \begin{pmatrix} 1 \\ -2 \end{pmatrix}$.

Wenden wir Gleichung (10) an, erhalten wir:

$$\mathbf{A}\cdot c_1 = \begin{pmatrix} 5 \\ 5 \end{pmatrix} = 5\,c_1 > \mathbf{A}\cdot c_2 = \begin{pmatrix} -1 \\ 2 \end{pmatrix} = -1\,c_2$$

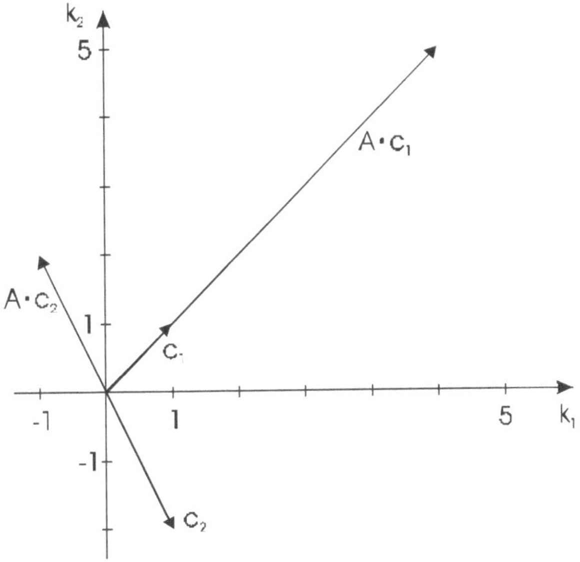

Abb. 3: Lineare Abbildung

Zeichnen wir dies nun in ein Koordinatenkreuz ein, wie in Abb. 3.1 geschehen, erkennen wir, dass die beiden Vektoren c_1 und c_2 gerade so abgebildet werden, dass c_1 und $\mathbf{A}c_1$ bzw. c_2 und $\mathbf{A}c_2$ auf der gleichen Gerade liegen. Die beiden Vektoren c_j, die durch Gleichung (10) mit der Matrix **A** verbunden sind, haben einen speziellen Namen und sind für die Matrizentheorie von besonderer Bedeutung, wie im Folgenden noch ersichtlich wird.

Aus Gleichung (10) lässt sich letztlich noch schließen, dass sich die Spalten c_j der gesuchten Transformationsmatrix **C**, gerade als Lösung von *n* Gleichungssystemen der Form

$$\mathbf{A}\cdot c_j-\lambda_j\cdot c_j=0 \text{ für jedes } \lambda_j \text{ und } j=1,2,\ldots,n \quad (11)$$

ergeben.[27]

Die Bedeutung dieser λ_j wird im Laufe der Arbeit ebenfalls noch verdeutlicht werden.

4 Eigenwerte und Eigenvektoren

4.1 Problemstellung und Begriffserklärung

Wie bereits in der Einleitung angedeutet, wird man bei zahlreichen Aufgaben zu einer Fragestellung geführt, die für die Theorie der Matrizen von der größten Bedeutung geworden und geradezu als das Kernstück dieser Theorie anzusehen ist.[28] Um zunächst einmal eine solche ökonomische Problemstellung zu verdeutlichen, sei hier ein Beispiel angeführt.

Beispiel 3:

Eine Firma stellt zwei Güter her. Die Herstellungsmengen von den beiden Gütern im n-ten Jahr betragen x_n und y_n. Im darauf folgenden Jahr sollen die Herstellungsmengen x_{n+1} und y_{n+1} von denen des Vorjahres abhängen in der Form

$$x_{n+1}=0{,}9x_n+0{,}4y_n$$

$$y_{n+1}=0{,}3x_n+0{,}8y_n \qquad \text{für n} = 1, 2, \ldots$$

Dieses System stellen wir in der Matrizenschreibweise dar:

$$\begin{pmatrix}x_{n+1}\\y_{n+1}\end{pmatrix}=\begin{pmatrix}0{,}9&0{,}4\\0{,}3&0{,}8\end{pmatrix}\cdot\begin{pmatrix}x_n\\y_n\end{pmatrix}=\mathbf{A}\cdot\begin{pmatrix}x_n\\y_n\end{pmatrix}; \qquad n = 1, 2, \ldots$$

Gibt man die Produktionsmengen x_1 und y_1 im ersten Jahr vor, so können nach der obigen Formel die Mengen der nachfolgenden Jahre der Reihe nach rekursiv berechnet werden.

Beide Produktionsmengen wachsen jährlich gleichmäßig, wenn es einen Faktor $\lambda>1$ gibt mit

$$\begin{pmatrix}x_{n+1}\\y_{n+1}\end{pmatrix}=\begin{pmatrix}0{,}9&0{,}4\\0{,}3&0{,}8\end{pmatrix}\cdot\begin{pmatrix}x_n\\y_n\end{pmatrix}=\lambda\cdot\begin{pmatrix}x_n\\y_n\end{pmatrix}.$$

Mit $\mathbf{x}=\begin{pmatrix}x_n\\y_n\end{pmatrix}=\begin{pmatrix}x\\y\end{pmatrix}$ erhält man die Bedingung

$$\mathbf{A}\,\mathbf{x}=\lambda\,\mathbf{x}. \quad (12)$$

In dieser Gleichung ist nur die Matrix **A** bekannt.[29] Das Problem liegt nun darin, zu einer quadratischen, sonst aber beliebigen (reellen oder komplexen) Matrix **A** Vektoren **x** derart zu suchen, dass der mit **A** transformierte Vektor $\mathbf{y}=\mathbf{A}\,\mathbf{x}$ dem Ausgangsvektor **x** proportional ist.[30]

---

[27] Vgl. Rommelfanger 2002, S.164f.

[28] Vgl. Zurmühl 1964, S.146.

[29] Vgl. Bosch/ Jensen 1994, S. 419.

Bevor wir gegen Ende des Unterkapitels 4.1 die Lösung dieser Aufgabe präsentieren, gehen wir zunächst näher auf einige Begrifflichkeiten ein.

Definition 4.1:

Gegeben sei eine n×n-Matrix **A**. Ist nun für eine Zahl $\lambda \in \mathbf{R}$ und einen Vektor $\mathbf{x} \in \mathbf{R}^n$ mit $\mathbf{x} \neq \mathbf{0}$ das lineare Gleichungssystem $\mathbf{A}\,\mathbf{x} = \lambda\,\mathbf{x}$ erfüllt, so heißt λ *Eigenwert* zu **A** und **x** *Eigenvektor* zum Eigenwert λ. Insgesamt spricht man von einem *Eigenwertproblem* der Matrix **A**.[31]

Durch Multiplikation des Vektors **x** mit der Einheitsmatrix **E** und einer kleinen Umformung des Gleichungssystems (12) ergibt sich

$$\mathbf{A}\,\mathbf{x} = \lambda\,\mathbf{x}$$

$$\mathbf{A}\,\mathbf{x} = \lambda\,\mathbf{E}\,\mathbf{x}$$

$$\mathbf{A}\,\mathbf{x} - \lambda\,\mathbf{E}\,\mathbf{x} = \mathbf{0}$$

$$(\mathbf{A} - \lambda\,\mathbf{E})\,\mathbf{x} = \mathbf{0}. \tag{13}$$ [32]

Ein derartiges homogenes lineares Gleichungssystem hat immer die triviale Lösung $\mathbf{x} = \mathbf{0}$. Diese Lösung ist hier jedoch uninteressant. Interessanter ist vielmehr die Frage, ob sich die Gleichung (13) auch nichttrivial lösen lässt. Eine Lösung $\mathbf{x} \neq \mathbf{0}$ existiert dann und nur dann, wenn der Rang der Koeffizientenmatrix $\mathbf{A} - \lambda\,\mathbf{E}$ kleiner ist als n bzw. wenn das Gleichungssystem linear abhängig ist. Aus der Determinantentheorie wissen wir, dass das genau dann der Fall ist, wenn die Determinante gleich Null wird, d.h. wenn sie verschwindet.

Um Eigenwerte und Eigenvektoren einer n×n-Matrix **A** zu finden, betrachtet man also zunächst die Gleichung

$$|\mathbf{A} - \lambda\,\mathbf{E}| = \begin{vmatrix} a_{11}-\lambda & a_{12} & \cdots & a_{1n} \\ a_{21} & a_{22}-\lambda & \cdots & a_{2n} \\ \vdots & \vdots & \ddots & \vdots \\ a_{n1} & a_{n2} & \cdots & a_{nn}-\lambda \end{vmatrix} = 0. \tag{14}$$ [33]

Diese sogenannte *charakteristische Determinante* hängt vom Parameter λ ab. Berechnet man diese Determinante, indem man nach den Elementen einer Zeile bzw. Spalte entwickelt, so erhält man ein Polynom n-ten Grades in λ. Man nennt es das *charakteristische Polynom* oder die *charakteristische Gleichung* der Matrix **A**, weshalb die Nullstellen des Polynoms, die Eigenwerte, in der Literatur manchmal auch als *charakteristische Wurzeln* bezeichnet werden:

$$|\mathbf{A} - \lambda\,\mathbf{E}| = (-\lambda^n) + b_{n-1}\lambda^{n-1} + b_{n-2}\lambda^{n-2} + \ldots + b_1\lambda + b_0 = 0. \tag{15}$$ [34]

---

[30] Vgl. Zurmühl 1964, S.146.

[31] Vgl. Opitz 1995, S. 353.

[32] Vgl. Köhler 1998, S. 110.

[33] Vgl. Ohse 2000, S. 319.

[34] Vgl. Köhler 1998, S. 111.

Da jede charakteristische Gleichung als Polynom n-ten Grades genau n Nullstellen besitzt, gibt es genau n Eigenwerte, wobei gleiche Eigenwerte, seien sie reell oder komplex, entsprechend ihrer Vielfachheit gezählt werden.[35] Nur für diese Eigenwerte λ_i der Matrix **A** besitzt unser Eigenwertproblem (siehe Gleichung 13) nichttriviale Lösungen

$$\mathbf{x}_i = (x_{1i}, x_{2i}, \ldots, x_{ni})^T , \qquad (16)$$

sogenannte Eigenvektoren. Nur sie erfüllen die gestellte Forderung, ihrer Transformierten proportional zu sein mit dem zugehörigen Eigenwert als Proportionalitätsfaktor:

$$\mathbf{A}\,\mathbf{x}_i = \lambda_i\,\mathbf{x}_i . \qquad (17)$$

Zusammenfassend lässt sich sagen:

Satz 4.1:

Eine $n \times n$-Matrix **A** besitzt genau n Eigenwerte λ_i. Nur für diese Werte λ_i des Parameters λ hat die Gleichung $\mathbf{A}\,\mathbf{x} = \lambda\,\mathbf{x}$ nichttriviale Lösungen, die Eigenvektoren $\mathbf{x}_i$ der Matrix **A**.

Aus der Definition der singulären Matrix als einer solchen, für welche die Determinante det **A** selbst verschwindet, folgt weiter

Satz 4.2:

Eine Matrix hat dann und nur dann wenigstens einen Eigenwert $\lambda = 0$, wenn sie singulär ist, d.h. det $\mathbf{A} = 0$.[36]

Beweis:

Sei $\text{Rg}(\mathbf{A}) = k = n$ und $\lambda = 0$ $\Rightarrow$ $\text{Rg}(\mathbf{A}) = \text{Rg}(\mathbf{A} - \lambda\,\mathbf{E}) = n$

$\Rightarrow$ $\det(\mathbf{A} - \lambda\,\mathbf{E}) \neq 0$

$\Rightarrow$ λ ist kein Eigenwert

[35] Vgl. Bosch/ Jensen 1994, S. 421.

[36] Vgl. Zurmühl 1964, S. 147-148.

Sei $Rg(\mathbf{A}) = k < n$ und $\lambda = 0$ $\Rightarrow$ $Rg(\mathbf{A}) = Rg(\mathbf{A} - \lambda\mathbf{E}) = k < n$

$\Rightarrow$ $\det(\mathbf{A} - \lambda\mathbf{E}) = 0$

$\Rightarrow$ Das System $(\mathbf{A} - \lambda\mathbf{E})\mathbf{x} = \mathbf{A}\,\mathbf{x} = 0$ besitzt genau k linear unabhängige Lösungen, die Eigenvektoren von **A** sind.

$\Rightarrow$ $\lambda = 0$ ist $(n - k)$-facher Eigenwert von **A**.[37]

Wie bereits in Satz 4.1 erwähnt, gibt es für jeden Eigenwert einer Matrix **A** einen dazugehörigen Eigenvektor. Dieser ist allerdings nicht eindeutig.

Satz 4.3:

Ist **A** eine $n \times n$-Matrix und **x** ein Eigenvektor von **A** zum Eigenwert λ, dann ist auch ein Vielfaches dieses Vektors, also $s\mathbf{x}$, mit $s \in \mathbf{R}$ und $s \neq 0$ ein Eigenvektor zum Eigenwert λ.

Zum Beweis kann man die Gesetze über die Multiplikation von Matrizen und Vektoren mit Skalaren heranziehen und erhält

$$\mathbf{A}(s\mathbf{x}) = \mathbf{A}(\mathbf{x}s) = (\mathbf{A}\mathbf{x})s = (\lambda\mathbf{x})s = \lambda(\mathbf{x}s) = \lambda(s\mathbf{x}). \tag{18}$$

[38]

Zu jedem Eigenwert einer quadratischen Matrix existieren folglich unendlich viele Eigenvektoren, die jeweils Vielfache voneinander sind.[39] Um Eindeutigkeit bis auf das Vorzeichen zu erreichen, kann der Eigenvektor normiert werden, d.h. von allen Eigenvektoren mit gleicher Richtung bestimmt man denjenigen, der den Betrag 1 hat. Jeder Vektor kann in der Form

$$\mathbf{a} = \|\mathbf{a}\|\,\mathbf{a}^{norm} \tag{19}$$

geschrieben werden. Dabei stellt $\|\mathbf{a}\|$ den Betrag bzw. die Länge des Vektors **a** und

$$\mathbf{a}^{norm} = \frac{\mathbf{a}}{\|\mathbf{a}\|} \tag{20}$$

den Einheitsvektor in Richtung **a** dar, d.h. $\mathbf{a}^{norm}$ hat den Betrag 1 bzw. ist normiert.[40]

Nachdem wir nun einige Begriffe geklärt haben, kommen wir zu unserem Beispiel 3 zurück.

Zur Lösung des Problems setzen wir die Koeffizientendeterminante gleich Null, also

$$\det(\mathbf{A} - \lambda\,\mathbf{E}) = \det\left(\begin{pmatrix} 0.9 & 0,4 \\ 0,3 & 0,8 \end{pmatrix} - \begin{pmatrix} \lambda & 0 \\ 0 & \lambda \end{pmatrix}\right) = \begin{vmatrix} 0,9-\lambda & 0,4 \\ 0,3 & 0,8-\lambda \end{vmatrix} = 0 .$$

---

[37] Vgl. Opitz 1995, S. 360.

[38] Vgl. Köhler 1998, S. 111.

[39] Vgl. Ohse 2000, S. 324.

[40] Vgl. Köhler 1998, S. 113.

Damit erhalten wir für λ die quadratische Gleichung

$$(0{,}9 - \lambda)(0{,}8 - \lambda) - 0{,}3 \cdot 0{,}4 = 0$$

$$0{,}72 - 1{,}7\lambda + \lambda^2 - 0{,}12 = 0$$

$$(\lambda - 0{,}85)^2 = -0{,}6 + 0{,}85^2 = 0{,}1225$$

$$\lambda_{1,2} = 0{,}85 \mp 0{,}35$$

$$\lambda_1 = 0{,}5; \lambda_2 = 1{,}2.$$

Nun setzen wir die gefundenen Eigenwerte in Gleichung (13) ein, um die Eigenvektoren $\mathbf{x}_i = \begin{pmatrix} x_i \\ y_i \end{pmatrix}$ für i = 1,2 zu erhalten. Zuerst für $\lambda_1 = 0{,}5$:

$$\begin{pmatrix} 0{,}4 & 0{,}4 \\ 0{,}3 & 0{,}3 \end{pmatrix} \begin{pmatrix} x_1 \\ y_1 \end{pmatrix} = \begin{pmatrix} 0 \\ 0 \end{pmatrix} \Leftrightarrow 0{,}4x_1 + 0{,}4y_1 = 0; x = c; y = -c.$$

Da für $c \neq 0$ eine Komponente immer negativ ist, scheidet diese Lösung aus, weil Produktionsmengen nicht negativ sein können.

Mit $\lambda_2 = 1{,}2$ ergibt sich

$$\begin{pmatrix} -0{,}3 & 0{,}4 \\ 0{,}3 & -0{,}4 \end{pmatrix} \begin{pmatrix} x_2 \\ y_2 \end{pmatrix} = \begin{pmatrix} 0 \\ 0 \end{pmatrix} \Leftrightarrow -0{,}3x_2 + 0{,}4y_2 = 0; x_2 = a; y_2 = 0{,}75a; \text{a beliebig.}$$

Damit lauten die zulässigen Eigenvektoren zu $\lambda_2 = 1{,}2$

$$x_2 = \begin{pmatrix} x_2 \\ y_2 \end{pmatrix} = \begin{pmatrix} a \\ 0{,}75a \end{pmatrix} = a \cdot \begin{pmatrix} 1 \\ 0{,}75 \end{pmatrix}, a > 0.$$

Wenn man in einem Jahr vom Produkt 1 eine beliebige Menge herstellt und vom zweiten Produkt 75% der Produktion des ersten Produkts, dann wird diese Produktion von Jahr zu Jahr um 20% gesteigert.[41]

4.2 Eigenschaften

Allgemein gilt

Satz 4.4:

Die zu paarweise verschiedenen Eigenwerten $\lambda_1, \lambda_2, ..., \lambda_r$ gehörenden Eigenvektoren $\mathbf{x}_1, \mathbf{x}_2, ..., \mathbf{x}_r$ sind linear unabhängig.[42]

---

[41] Vgl. Bosch/ Jensen 1994, S. 420.

[42] Rommelfanger 2002, S. 190.

Beweis:

Eine Matrix **A** besitze genau r verschiedene Eigenwerte $\lambda_1, \lambda_2, \ldots, \lambda_r$ und zu jedem dieser Eigenwerte wählen wir einen zugehörigen Eigenvektor $\mathbf{x}_k$ aus. Aus der Bedingung für lineare Unabhängigkeit

$$c_1\mathbf{x}_1 + c_2\mathbf{x}_2 + \ldots + c_r\mathbf{x}_r = \mathbf{0} \tag{21}$$

folgen durch fortgesetzte Multiplikation mit der Matrix **A** unter Berücksichtigung von Gleichung (21) die r–1 weiteren Gleichungen

$$\left.\begin{array}{r} \lambda_1 c_1\mathbf{x}_1 + \lambda_2 c_2\mathbf{x}_2 + \ldots + \lambda_r c_r\mathbf{x}_r = \mathbf{0} \\ \cdots\cdots\cdots\cdots\cdots\cdots\cdots\cdots\cdots\cdots \\ \lambda_1^{r-1} c_1\mathbf{x}_1 + \lambda_2^{r-1} c_2\mathbf{x}_2 + \ldots + \lambda_r^{r-1} c_r\mathbf{x}_r = \mathbf{0} \end{array}\right\} \tag{22}$$

Diese Gleichungen gelten aber auch für eine beliebige feste Komponente x_{ik} der Vektoren $\mathbf{x}_k$, womit die Gleichungen (21) und (22) ein lineares Gleichungssystem in den Unbekannten $c_k x_{ik}$ (k = 1, 2, ... , r) darstellen mit der Koeffizientendeterminante, der sogenannten Vandermonde`schen Determinante

$$V = \begin{vmatrix} 1 & 1 & \cdots & 1 \\ \lambda_1 & \lambda_2 & \cdots & \lambda_r \\ \vdots & \vdots & \ddots & \vdots \\ \lambda_1^{r-1} & \lambda_2^{r-1} & \cdots & \lambda_r^{r-1} \end{vmatrix}.$$

Durch Subtraktion der mit λ_1 multiplizierten (r – 1)-ten Zeile von der r-ten, der gleichfalls mit λ_1 multiplizierten (r – 2)-ten Zeile von der (r – 1)-ten usw., schließlich der mit λ_1 multiplizierten 1. Zeile von der 2. erhält man

$$V = \begin{vmatrix} 1 & 1 & 1 & \cdots & 1 \\ 0 & \lambda_2 - \lambda_1 & \lambda_3 - \lambda_1 & \cdots & \lambda_r - \lambda_1 \\ 0 & \lambda_2^2 - \lambda_2\lambda_1 & \lambda_3^2 - \lambda_3\lambda_1 & \cdots & \lambda_r^2 - \lambda_r\lambda_1 \\ \vdots & \vdots & \vdots & \ddots & \vdots \\ 0 & \lambda_2^{r-1} - \lambda_2^{r-2}\lambda_1 & \lambda_3^{r-1} - \lambda_3^{r-2}\lambda_1 & \cdots & \lambda_r^{r-1} - \lambda_r^{r-2}\lambda_1 \end{vmatrix}$$

und daraus durch Entwickeln nach der ersten Spalte und Vorziehen der gemeinsamen Faktoren der übrigen Spalten:

$$V = (\lambda_2 - \lambda_1)(\lambda_3 - \lambda_1)\ldots(\lambda_r - \lambda_1)\begin{vmatrix} 1 & 1 & \cdots & 1 \\ \lambda_2 & \lambda_3 & \cdots & \lambda_r \\ \lambda_2^2 & \lambda_3^2 & \cdots & \lambda_r^2 \\ \vdots & \vdots & \ddots & \vdots \\ \lambda_2^{r-2} & \lambda_3^{r-2} & \cdots & \lambda_r^{r-2} \end{vmatrix}$$

Indem man für die verbleibende (r – 1)-reihige Determinante entsprechend verfährt usw., erhält man schließlich den Ausdruck

$$V = (\lambda_2 - \lambda_1)(\lambda_3 - \lambda_1)(\lambda_4 - \lambda_1)...(\lambda_r - \lambda_1)$$
$$(\lambda_3 - \lambda_2)(\lambda_4 - \lambda_2)...(\lambda_r - \lambda_2)$$
$$(\lambda_4 - \lambda_2)...(\lambda_r - \lambda_2)$$
$$..............................$$
$$(\lambda_r - \lambda_{r-1})$$

und das ist wegen der Annahme r verschiedener Eigenwerte ungleich Null. Damit aber hat das Gleichungssystem nur die triviale Lösung $c_1 x_{i1} = c_2 x_{i2} = ... = c_r x_{ir} = 0$, woraus, da dies für alle Komponenten i gelten soll, $c_1 = c_2 = ... = c_r = 0$ folgt. Die Eigenvektoren sind folglich linear unabhängig.[43]

Eigenwerte müssen nicht immer reell sein, es gibt auch komplexe Eigenwerte. Da wir uns im folgenden auf den wesentlichen Spezialfall von symmetrischen Matrizen beschränken wollen, bei denen nur reelle Eigenwerte auftreten können[44], sei hier kurz eine Eigenschaft von komplexen Eigenwerten aufgeführt und bewiesen.

Satz 4.5:

Die reelle Matrix **A** besitze den komplexen Eigenwert λ mit dem dazugehörigen komplexen Eigenvektor **x**. Dann ist auch die konjugiert komplexe Zahl $\overline{\lambda}$ Eigenwert von **A** und der konjugiert komplexe Vektor $\overline{\mathbf{x}}$ zugehöriger Eigenvektor.

Aus den Rechenregeln für komplexe Zahlen folgt für komplexe Matrizen und Vektoren unmittelbar

$$\overline{\mathbf{A}+\mathbf{B}} = \overline{\mathbf{A}} + \overline{\mathbf{B}};\ \overline{\mathbf{A}\cdot\mathbf{B}} = \overline{\mathbf{A}}\cdot\overline{\mathbf{B}};\ \mathbf{z}^T\overline{\mathbf{z}} = \overline{\mathbf{z}}^T\mathbf{z} \in \mathbf{R}_0.$$

Ein Matrix ist genau dann reell, wenn $\overline{\mathbf{A}} = \mathbf{A}$ ist.

Beweis von Satz 4.5:

Es sei λ ein Eigenwert von **A** und **x** ein zugehöriger Eigenvektor. Dann gilt

$$\mathbf{A}\,\mathbf{x} = \lambda\,\mathbf{x}.$$

Da **A** reell ist ($\overline{\mathbf{A}} = \mathbf{A}$), folgt hieraus nach den obigen Rechenregeln für komplexe Matrizen

$$\overline{\mathbf{A}\mathbf{x}} = \overline{\lambda\mathbf{x}} \quad \Leftrightarrow \quad \overline{\mathbf{A}}\overline{\mathbf{x}} = \mathbf{A}\overline{\mathbf{x}} = \overline{\lambda}\,\overline{\mathbf{x}}, \text{ also}$$

$$\mathbf{A}\overline{\mathbf{x}} = \overline{\lambda}\,\overline{\mathbf{x}}.$$

Damit ist auch $\overline{\lambda}$ Eigenwert von **A** und $\overline{\mathbf{x}}$ ein zugehöriger Eigenvektor, womit Satz 4.5 bewiesen ist.[45]

---

[43] Vgl. Zurmühl 1964, S. 149-150.

[44] Vgl. Opitz 1995, S. 359.

[45] Vgl. Bosch/ Jensen 1994, S. 424-425 und vgl. Opitz 1995, S. 359.

Im vorherigen Kapitel 3 wurde bereits auf die Ähnlichkeit von Matrizen eingegangen. Eine wichtige Bedeutung der Ähnlichkeit von Matrizen liegt im folgenden

Satz 4.6:

Ähnliche Matrizen besitzen die gleiche charakteristische Gleichung und damit die gleichen Eigenwerte.[46]

Beweis:

Die Matrix **B** sei äquivalent zu **A**. Es folgt

$$\begin{aligned}\det(\mathbf{B}-\lambda\mathbf{E}) &= \det(\mathbf{C}^{-1}\mathbf{AC}-\lambda\mathbf{E})\\ &= \det(\mathbf{C}^{-1}\mathbf{AC}-\lambda\mathbf{C}^{-1}\mathbf{EC})\\ &= \det[\mathbf{C}^{-1}(\mathbf{A}-\lambda\mathbf{E})\mathbf{C}]\\ &= \det(\mathbf{C}^{-1})\cdot\det(\mathbf{A}-\lambda\mathbf{E})\cdot\det(\mathbf{C})\\ &= \frac{1}{\det(\mathbf{C})}\cdot\det(\mathbf{A}-\lambda\mathbf{E})\cdot\det(\mathbf{C})\\ &= \det(\mathbf{A}-\lambda\mathbf{E}).\end{aligned}$$

Damit haben die charakteristischen Gleichungen

$$\det(\mathbf{B}-\lambda\mathbf{E})=0 \text{ und } \det(\mathbf{A}-\lambda\mathbf{E})=0$$

dieselben Lösungen, womit der Satz 4.6 bewiesen ist.

Wie bereits oben angekündigt, beschäftigen wir uns folgend mit ganz speziellen Matrizen, den symmetrischen Matrizen. Beginnen wir zunächst mit den Diagonalmatrizen. Diagonal- wie auch Dreiecksmatrizen haben den Vorteil, dass aus ihnen die Eigenwerte unmittelbar abgelesen werden können. Bei solchen Matrizen stimmen die Eigenwerte – nach ihrer Vielfachheit gezählt – mit den Diagonalelementen überein.

$$(\mathbf{D}-\lambda\mathbf{E})=\begin{pmatrix} d_{11}-\lambda & 0 & \cdots & 0\\ 0 & d_{22}-\lambda & \cdots & 0\\ \vdots & \vdots & \ddots & \vdots\\ 0 & 0 & \cdots & d_{nn}-\lambda\end{pmatrix} \tag{23}$$

$$\det(\mathbf{D}-\lambda\mathbf{E})=(d_{11}-\lambda)\cdot(d_{22}-\lambda)\cdot\ldots\cdot(d_{nn}-\lambda)=\prod_{i=1}^{n}(d_{ii}-\lambda)=0.^{47} \tag{24}$$

[46] Vgl. Köhler 1998, S. 119.

[47] Vgl. Bosch/ Jensen 1994, S. 426.

Satz 4.7:

Stellt **D** eine Diagonalmatrix, d.h. $d_{ik} = 0$ für i≠k, dar, so besitzt sie die Eigenwerte $\lambda_i = d_{ii}$ $(i = 1,2,\dots,n)$, d.h. die Diagonalelemente d_{ii} bilden die Eigenwerte, wobei die Eigenvektoren folgende Gestalt besitzen:

$$\mathbf{x}_1 = \begin{pmatrix} x_1 \\ 0 \\ 0 \\ \vdots \\ 0 \end{pmatrix}; \mathbf{x}_2 = \begin{pmatrix} 0 \\ x_2 \\ 0 \\ \vdots \\ 0 \end{pmatrix}; \mathbf{x}_n = \begin{pmatrix} 0 \\ 0 \\ 0 \\ \vdots \\ x_n \end{pmatrix} \qquad x_i \in \mathbf{R} \ (i = 1,2,\dots,n)$$

Im Sonderfall stellen die n Eigenvektoren die Einheitsvektoren dar.[48]

Auch hier lässt sich eine Verbindung zu Kapitel 3 ziehen. Da die Eigenwerte von Diagonalmatrizen unmittelbar angegeben werden können, versucht man, eine beliebige Matrix **A** in eine Diagonalmatrix zu transformieren, wobei die Eigenwerte erhalten bleiben sollen.

Satz 4.8:

Besitzt eine nichtsymmetrische Matrix **A** n linear unabhängige Eigenvektoren, so ist diese zu einer Diagonalmatrix **D** ähnlich. Die Diagonalelemente von **D** sind die Eigenwerte von **A** bzw. nach Satz 4.6 von **D**. Die Eigenvektoren der Matrix **A** bilden die Matrix **P**.

Das Produkt $\mathbf{A} \cdot \mathbf{P}$ kann unter der Heranziehung der Diagonalmatrix **D** geschrieben werden als

$$\begin{aligned} \mathbf{A} \cdot \mathbf{P} &= (\mathbf{Ax}_1, \mathbf{Ax}_2, \dots, \mathbf{Ax}_n) \\ &= (\lambda_1 \mathbf{x}_1, \lambda_2 \mathbf{x}_2, \dots; \lambda_n \mathbf{x}_n) \\ &= (\mathbf{x}_1, \mathbf{x}_2, \dots, \mathbf{x}_n) \begin{pmatrix} \lambda_1 & 0 & \cdots & 0 \\ 0 & \lambda_2 & \cdots & 0 \\ \vdots & \vdots & \ddots & \vdots \\ 0 & 0 & \cdots & \lambda_n \end{pmatrix} \end{aligned}$$

$$\mathbf{A} \cdot \mathbf{P} = \mathbf{P} \cdot \mathbf{D} \text{ bzw.} \tag{25}$$

$$\mathbf{P}^{-1}\mathbf{AP} = \mathbf{D}. \tag{26}$$

Wir beschränken uns nun auf Matrizen, die nur reelle Eigenwerte besitzen:

Satz 4.9:

Sei **A** eine reelle ($\overline{\mathbf{A}} = \mathbf{A}$), symmetrische $n \times n$-Matrix. Dann gilt: Die Eigenwerte sind reell und nicht notwendig verschieden.

---

[48] Vgl. Köhler 1998, S. 113.

Beweis:

Angenommen, wir erhalten zwei konjugiert komplexe Eigenwerte $\lambda, \overline{\lambda}$ von **A**. Zudem sei $x \neq 0$ ein entsprechender komplexer Eigenvektor von λ und man hat die zueinander äquivalenten Gleichungssysteme

$$(\mathbf{A} - \lambda\mathbf{E})\mathbf{x} = \mathbf{0} \quad \Leftrightarrow \quad \overline{(\mathbf{A} - \lambda\mathbf{E})\mathbf{x}} = \overline{\mathbf{0}} = \mathbf{0}.$$

Aus den rechten Seiten folgt mit $\mathbf{A} = \overline{\mathbf{A}}$ und $\mathbf{E} = \overline{\mathbf{E}}$ und den Rechenregeln für komplexe Größen

$$\overline{(\mathbf{A} - \lambda\mathbf{E})\mathbf{x}} = \overline{(\mathbf{A} - \lambda\mathbf{E})} \cdot \overline{\mathbf{x}} = (\overline{\mathbf{A}} - \overline{\lambda\mathbf{E}}) \cdot \overline{\mathbf{x}} = (\mathbf{A} - \overline{\lambda}\mathbf{E})\overline{\mathbf{x}} = \mathbf{0}.$$

Damit ist $\overline{\mathbf{x}}$ Eigenvektor zu $\overline{\lambda}$. Man gewinnt durch Umformung

$$\lambda(\overline{\mathbf{x}}^T \mathbf{x}) = \overline{\mathbf{x}}^T (\lambda \mathbf{x}) = \overline{\mathbf{x}}^T (\mathbf{A}\mathbf{x}) = \overline{\mathbf{x}}^T \mathbf{A}\mathbf{x} = (\overline{\mathbf{x}}^T \mathbf{A}\mathbf{x})$$

$$= \mathbf{x}^T \mathbf{A}\overline{\mathbf{x}} = \mathbf{x}^T (\mathbf{A}\overline{\mathbf{x}}) = \mathbf{x}^T (\overline{\lambda}\overline{\mathbf{x}}) = \overline{\lambda}(\mathbf{x}^T \overline{\mathbf{x}})$$

und aus der Identität $\mathbf{x}^T \overline{\mathbf{x}} = \overline{\mathbf{x}}^T \mathbf{x} \neq 0$ die Gleichung $\lambda = \overline{\lambda}$. Also muss λ und somit auch $\mathbf{x}$ reell sein.[49]

Weiterhin gilt der

Satz 4.10:

Die zu verschiedenen Eigenwerten gehörigen Eigenvektoren der Matrix **A** und der dazu transponierten Matrix $\mathbf{A}^T$ sind zueinander orthogonal.[50]

Dieser Satz kann spezialisiert werden auf symmetrische Matrizen.

Satz 4.11:

Zwei zu verschiedenen Eigenwerten gehörige Eigenvektoren einer reell symmetrischen Matrix sind zueinander orthogonal.[51]

Beweis:

λ_i und λ_k seien verschiedene Eigenwerte von **A** und $\mathbf{x}_i$ und $\mathbf{x}_k$ zugehörige Eigenvektoren. Die Gleichungen

$$\mathbf{A}\mathbf{x}_i = \lambda_i \mathbf{x}_i \text{ und } \mathbf{A}\mathbf{x}_k = \lambda_k \mathbf{x}_k$$

werden von links mit $\mathbf{x}_k^T$ bzw. mit $\mathbf{x}_i^T$ multipliziert.

---

[49] Vgl. Opitz 1995, S. 360.

[50] Vgl. Köhler 1998, S. 116.

[51] Vgl. Zurmühl 1964, S. 185.

Dann erhält man wegen $\mathbf{A} = \mathbf{A}^T$

$$\mathbf{x}_k^T \mathbf{A} \mathbf{x}_i = \lambda_i \mathbf{x}_k^T \mathbf{x}_i \tag{27}$$

$$\mathbf{x}_i^T \mathbf{A} \mathbf{x}_k = \lambda_k \mathbf{x}_i^T \mathbf{x}_k \quad \Leftrightarrow \quad (\mathbf{x}_i^T \mathbf{A} \mathbf{x}_k)^T = \lambda_k (\mathbf{x}_i^T \mathbf{x}_k)^T \quad \Leftrightarrow$$

$$\mathbf{x}_k^T \mathbf{A} \mathbf{x}_i = \lambda_k \mathbf{x}_k^T \mathbf{x}_i$$

(28)

Durch Subtraktion der Gleichungen (27) und (28) ergibt sich

$$0 = (\lambda_i - \lambda_k) \mathbf{x}_k^T \mathbf{x}_i .$$

Wegen $\lambda_i \neq \lambda_k$ folgt hieraus $\mathbf{x}_k^T \mathbf{x}_i = 0$. Die beiden Eigenvektoren sind also orthogonal.[52]

Aus den Sätzen 4.9 – 4.11 folgt unmittelbar

Satz 4.12:

Sei **A** eine reelle, symmetrische $n \times n$-Matrix. Dann existieren zu den reellen Eigenwerten $\lambda_1, \ldots, \lambda_n$ genau n reelle, linear unabhängige Eigenvektoren $\mathbf{x}_1, \ldots, \mathbf{x}_n$. Diese sind so wählbar, dass **X** = $(\mathbf{x}_1, \ldots, \mathbf{x}_n)$ eine orthogonale Matrix ist, also gilt $\mathbf{X}^T \mathbf{X} = \mathbf{X}\mathbf{X}^T = \mathbf{E}$.[53] Eine solche Matrix **X** wird auch als *Orthonormalsystem* bezeichnet.[54]

Man kann folglich zu den n reellen, nicht notwendig paarweise verschiedenen Eigenwerten einer symmetrischen $n \times n$-Matrix **A** n reelle, linear unabhängige Eigenvektoren so bestimmen, dass diese orthogonal sind, also

$$\mathbf{x}_i^T \mathbf{x}_k = \begin{cases} 1 & \textit{für } i = k \\ 0 & \textit{für } i \neq k \end{cases}.$$

Damit gilt auch

$$\mathbf{X}^T \mathbf{X} = \begin{pmatrix} \mathbf{x}_1^T \\ \vdots \\ \mathbf{x}_n^T \end{pmatrix} (\mathbf{x}_1, \ldots, \mathbf{x}_n) = \begin{pmatrix} \mathbf{x}_1^T \mathbf{x}_1 & \cdots & \mathbf{x}_1^T \mathbf{x}_n \\ \vdots & \ddots & \vdots \\ \mathbf{x}_n^T \mathbf{x}_1 & \cdots & \mathbf{x}_n^T \mathbf{x}_n \end{pmatrix} = \mathbf{E}.$$ [55]

---

[52] Vgl. Bosch/ Jensen 1994, S. 428.

[53] Vgl. Opitz 1995, S. 360.

[54] Vgl. Bosch/ Jensen 1994, S. 430.

[55] Vgl. Opitz 1995, S. 362.

Zu guter letzt noch der

Satz 4.13:

Sei $\mathbf{A}$ eine symmetrische $n \times n$-Matrix, D die Diagonalmatrix der Eigenwerte von A und $\mathbf{X} = (\mathbf{x}_1, \ldots, \mathbf{x}_n)$ die Matrix der Eigenvektoren mit $\mathbf{X}^T\mathbf{X} = \mathbf{E}$, wobei $\mathbf{x}_j$ $(\mathrm{j} = 1, 2, \ldots, \mathrm{n})$ der Eigenvektor zu λ_j ist. Ferner sei $\mathbf{A}^n = \mathbf{A} \cdot \ldots \cdot \mathbf{A}$ für alle $n \in \mathbf{N}$. Dann gilt:

a) $\mathbf{D} = \mathbf{X}^T\mathbf{A}\mathbf{X}$ bzw. $\mathbf{A} = \mathbf{X}\mathbf{D}\mathbf{X}^T$ (29)

b) $\mathbf{A}^n$ besitzt die Eigenwerte $\lambda_1^n, \ldots, \lambda_n^n$ und die Eigenvektoren $\mathbf{x}_1, \ldots, \mathbf{x}_n$.

Beweis:

a) Für jedes Paar $(\lambda_j, \mathbf{x}_j)$ eines Eigenwertes und des entsprechenden Eigenvektors ist das Gleichungssystem $\mathbf{A}\mathbf{x}_j = \lambda_j\mathbf{x}_j$ erfüllt. Daraus folgt

$$\mathbf{AX} = \mathbf{A}(\mathbf{x}_1, \ldots, \mathbf{x}_n) = (\mathbf{x}_1, \ldots, \mathbf{x}_n)\begin{pmatrix} \lambda_1 & \cdots & 0 \\ \vdots & \ddots & \vdots \\ 0 & \cdots & \lambda_n \end{pmatrix} = \mathbf{XD} \tag{30}$$

und ferner durch Links- bzw. Rechtsmultiplikation mit $\mathbf{X}^T$, wobei $\mathbf{X}^T\mathbf{X} = \mathbf{E}$,

$$\mathbf{X}^T\mathbf{AX} = \mathbf{X}^T\mathbf{XD} = \mathbf{D} \tag{31}$$

$$\mathbf{XDX}^T = \mathbf{AXX}^T = \mathbf{A} \tag{32}$$

Die Matrix $\mathbf{A}$ und die Diagonalmatrix $\mathbf{D}$ sind demnach ähnlich.

b) $$\mathbf{A}^n = (\mathbf{XDX}^T)(\mathbf{XDX}^T) \cdot \ldots \cdot (\mathbf{XDX}^T) = \mathbf{XD}(\mathbf{X}^T\mathbf{X})\mathbf{D}(\mathbf{X}^T\mathbf{X}) \cdot \ldots \cdot \mathbf{DX}^T = \mathbf{XD}^n\mathbf{X}^T$$

$$\Rightarrow \mathbf{A}^n\mathbf{X} = \mathbf{XD}^n\mathbf{X}^T\mathbf{X} = \mathbf{XD}^n \tag{33}$$

$$\Rightarrow \mathbf{A}^n(\mathbf{x}_1, \ldots, \mathbf{x}_n) = (\mathbf{x}_1, \ldots, \mathbf{x}_n)\begin{pmatrix} \lambda_1^n & \cdots & 0 \\ \vdots & \ddots & \vdots \\ 0 & \cdots & \lambda_n^n \end{pmatrix}$$

$$\Rightarrow \mathbf{A}^n\mathbf{x}_j = \lambda_j^n\mathbf{x}_j \quad (j = 1, 2, \ldots, n) \tag{34}$$

Daraus folgt die Behauptung.[56]

[56] Vgl. Opitz 1995, S. 368.

5 Ökonomische Anwendungen

Was nützt uns eine Menge an mathematischen Kenntnissen, wenn wir nicht wissen, wozu wir sie gebrauchen können. Um diesen Umstand zu vermeiden, stellen wir, nachdem wir uns in den vorangegangenen Kapiteln ausreichend mit den mathematischen Grundlagen von Ähnlichen Matrizen, Eigenwerten und Eigenvektoren befasst haben, den Bezug zu ökonomischen Anwendungen her.

5.1 Entwicklungs- und Wachstumsprozesse

Bei einigen linearen Prozessen begegnet man Problemen, die ihren Zustand durch lineare Transformation nicht verändern. Ein Beispiel hierfür ist das Input-Output-System, das in der geschlossenen Form dargestellt wird, bei dem also keine Endnachfrage besteht. Das entsprechende Modell lautet:

$$\mathbf{Ax} = \mathbf{x} \tag{35}$$

mit **x** als dem Leistungsvektor (Output) und **A** als der Inputmatrix (a_{ij}), wobei a_{ij} die Einheiten des Faktors i zur Erzeugung einer Einheit des Gutes j bedeuten.

Ähnlich ist dies bei der innerbetrieblichen Kosten- und Leistungsverrechnung bzw. bei der Bestimmung des stationären Zustandes eines Markovprozesses. Bei letzterem bleibt der Zustand von einer Periode zur nächsten unverändert, wenn gilt:

$$\mathbf{v} = \mathbf{P} \cdot \mathbf{v} \tag{36}$$

mit **v** als dem Verteilungsvektor und **P** als der Übergangsmatrix.[57]

Hierzu

Beispiel 4:

Wir betrachten die Entwicklung eines Marktes mit drei substituierbaren Produkten in diskreter Zeit. Der Vektor der Marktanteile nach Markteinführung, auch Anfangsverteilung genannt, sei

$$\mathbf{v} = \begin{pmatrix} v_1 \\ v_2 \\ v_3 \end{pmatrix} = \begin{pmatrix} 0{,}2 \\ 0{,}3 \\ 0{,}5 \end{pmatrix}$$

und das Übergangsverhalten von Konsumenten lasse sich durch die Matrix

$$\mathbf{P} = \begin{pmatrix} a_{11} & a_{12} & a_{13} \\ a_{21} & a_{22} & a_{23} \\ a_{31} & a_{32} & a_{33} \end{pmatrix} = \begin{pmatrix} 0{,}5 & 0 & 0{,}2 \\ 0{,}4 & 0{,}4 & 0{,}2 \\ 0{,}1 & 0{,}6 & 0{,}6 \end{pmatrix}$$

beschreiben, d.h. nach jeder Zeitperiode wechselt der Anteil a_{ij} derjenigen Konsumenten, die vorher Produkt j gewählt haben, zu Produkt i.

Für die Matrix **P** gilt

---

[57] Ohse 2000, S. 316.

$$\begin{pmatrix} 0{,}5 & 0 & 0{,}2 \\ 0{,}4 & 0{,}4 & 0{,}2 \\ 0{,}1 & 0{,}6 & 0{,}6 \end{pmatrix} \cdot \begin{pmatrix} 0{,}2 \\ 0{,}3 \\ 0{,}5 \end{pmatrix} = \begin{pmatrix} 0{,}2 \\ 0{,}3 \\ 0{,}5 \end{pmatrix}.$$

Daher ist $\lambda_1 = 1$ ein Eigenwert von **P** und der Vektor

$$\mathbf{v}_1 = \begin{pmatrix} 0{,}2 \\ 0{,}3 \\ 0{,}5 \end{pmatrix}$$

ist der zugehörige Eigenvektor Der Eigenvektor $\mathbf{v}_1$ geht also nach Anwendung der Matrix **P** in sich selbst über. Das aber bedeutet: Wenn das Marketing bei der Markteinführung der Produkte zu der Anfangsverteilung $\mathbf{v}_1$ geführt hat, dann bleiben die Marktanteile aller Produkte für alle Zeiten gleich.[58]

Bleibt allerdings der Zustand eines Problems bei einer linearen Transformation nicht erhalten, sondern ändert er sich in allen Faktoren proportional, dann ergibt sich im Fall des Input-Output-Modells:

$$\mathbf{Ax} = \lambda\mathbf{x} \tag{37}$$

Im Falle $\lambda > 1$ liegt ein Wachstumsprozess, für $\lambda < 1$ ein Schrumpfungsprozess vor.[59] An dieser Stelle sei kein gesondertes Beispiel mehr aufgeführt und auf das Beispiel 3 verwiesen, welches einen solchen Wachstumsprozess darstellt.

5.2 Optimierungsprobleme

Neben Entwicklungs- und Wachstumsprozessen, deren Studium häufig auf Eigenwertprobleme von Matrizen führt, benötigen wir die in Kapitel 3 und 4 angestellten Überlegungen unter anderem auch in Zusammenhang mit Optimierungsproblemen. Mit ihnen treten häufig quadratische Gleichungen auf, die sich in Matrixschreibweise durch quadratische Formen ausdrücken lassen. So wird z.B. bei einer linearen Preisabsatzfunktion $p = ax + b$ der Erlös zu einer quadratischen Funktion $E = -ax^2 + bx$.

Definition 5.1:

Ist **A** eine symmetrische n×n-Matrix, so bezeichnen wir das Produkt aus Zeilenvektor $\mathbf{x}^T$, der Matrix **A** und dem Spaltenvektor **x** als quadratische Form Q(**x**):

$$Q(\mathbf{x}) = \mathbf{x}^T\mathbf{Ax}\,. \tag{38}$$

Die Voraussetzung der Symmetrie stellt keine besondere Beschränkung dar. Ist die Matrix **B** eine beliebige Matrix, lässt sie sich mittels $\dfrac{\mathbf{B}+\mathbf{B}^T}{2}$ in eine symmetrische umformen.

Insbesondere bei Optimierungsproblemen interessiert die Frage, ob Q(**x**) nur positive Werte (= positiv definit) bzw. nur negative Werte (= negativ definit) annimmt. Sind auch Werte gleich Null,

---

[58] Vgl. Schmidt 2000, S. 110 und S. 115.

[59] Vgl. Ohse 2000, S. 316.

spricht man von semidefinit. Diese Begriffe überträgt man auch auf die Matrix **A**, wenn bei Q(**x**) eine solche Definitheit vorliegt. Die Überprüfung der Definitheit geht mit der Ermittlung der Eigenwerte von statten.[60]

Satz 5.1:

Sei **A** eine symmetrische n×n-Matrix mit den reellen Eigenwerten $\lambda_1,...,\lambda_n$ und $Q(\mathbf{x}) = \mathbf{x}^T \mathbf{A}\mathbf{x}$ eine quadratische Form. Es gilt dann:

Q(**x**) ist dann und nur dann

positiv definit *(positiv semidefinit,* *negativ definit,* *negativ semidefinit),*

wenn alle Eigenwerte von **A**

positiv *(nichtnegativ,* *negativ,* *nichtpositiv)*

sind. Weist **A** sowohl positive als auch negative Eigenwerte auf, so ist Q(**x**) *indefinit*.[61]

Mit diesen Aussagen haben wir ein eindeutiges Entscheidungskriterium zur Hand, das Aussagen über Definitheit zulässt. Jedoch sollte man berücksichtigen, dass damit der Nachweis nicht wesentlich einfacher wird, denn die Eigenwerte einer Matrix n-ter Ordnung sind bekanntlich die Lösungen eines Polynoms n-ten Grades, die zu berechnen wahrhaftig keine leichte Aufgabe darstellt.[62]

5.3 Gewichtung mehrerer Ziele

Auch in der Entscheidungstheorie spielen Eigenwerte bzw. Eigenvektoren eine große Rolle. Wenn man versucht, aus einigen Alternativen die beste in Bezug auf ein Gesamtziel, das durch mehrere Unterziele beschrieben ist, auszuwählen, so steht man vor dem Problem, von welcher Bedeutung die verschiedenen Unterziele für das Gesamtziel sind, d.h. wie sie gewichtet werden sollen. Hierzu wird eine sogenannte Paarvergleichsmatrix aufgestellt, die z.B. Auskunft darüber gibt, wie viel Bedeutung ein Individuum oder eine Gruppe einem Unterziel im Verhältnis zu einem anderen Unterziel bezogen auf ein Gesamtziel beimisst.. Durch diese Paarvergleichsmatrix kann nun der Gewichtevektor, der zeigt, welche Bedeutung die verschiedenen Unterziele für das Gesamtziel haben, bestimmt werden. Und genau hierbei kommt die Kenntnis von Eigenwerten und Eigenvektoren zum Tragen. Saaty stellte fest, dass beim Vorliegen einer konsistenten Paarvergleichsmatrix **A** der Gewichtevektor **g** dem normierten Eigenvektor von **A** zum größten Eigenwert von **A** entspricht. Dieser Eigenwert ist stets gleich der Ordnung der konsistenten Paarvergleichsmatrix und alle übrigen Eigenwerte sind dann gleich Null. Folglich lässt sich durch den größten Eigenwerte einer Paarvergleichsmatrix **A** sein normierter Eigenvektor und somit der Gewichtungsvektor **g** bestimmen.

Beispiel 5:

---

[60] Vgl. Bücker 1998, S. 377.

[61] Vgl Rommelfanger 2002, S. 198.

[62] Vgl. Ohse 2000, S. 332.

Peter Müller will das Ziel Autokauf anhand der Unterziele Kaufpreis, Auto und Werkstatt bewerten. Um die Gewichte der Unterziele bestimmen zu können, stellt er folgende Paarvergleichsmatrix auf:

	Preis	Auto	Werkstatt
Preis	1	$\frac{1}{2}$	$\frac{3}{2}$
Auto	2	1	3
Werkstatt	$\frac{2}{3}$	$\frac{1}{3}$	1

Tab. 2: Paarvergleichsmatrix „Autokauf"

Die charakteristische Gleichung

$$\begin{vmatrix} 1-\lambda & \frac{1}{2} & \frac{3}{2} \\ 2 & 1-\lambda & 3 \\ \frac{2}{3} & \frac{1}{3} & 1-\lambda \end{vmatrix} = \lambda^2(3-\lambda) = 0$$

hat die Eigenwerte $\lambda_1 = 3$ und $\lambda_{2,3} = 0$.

Der zum größten Eigenwert $\lambda_1 = 3$ gehörende Eigenvektor ist $(\frac{3}{2}, 3, 1) \cdot t$, $t \in \mathbf{R}$, der normiert werden kann zu dem Gewichtevektor (0,2727 , 0,54554 , 0,1818).[63]

6 Schlussbetrachtungen

Im Zuge dieser Seminararbeit sollte der Zusammenhang zwischen den Begriffen Determinanten, ähnliche Matrizen, Eigenwerte und Eigenvektoren deutlich geworden sein. Erst wenn man weiß, wie Determinanten berechnet werden können, kann man die charakteristische Gleichung aufstellen, die schließlich zu den Eigenwerten führt. Und erst wenn man weiß, was ähnliche Matrizen sind und wenn man die eine spezielle ähnliche Matrix ermittelt, deren Diagonalelemente eben die Eigenwerte sind, kann man letztlich die Eigenvektoren ermitteln. Jede nxn-Matrix **A** repräsentiert eine lineare Abbildung eines n-dimensionalen Vektorraumes auf sich selbst. Die Eigenvektoren sind jetzt genau jene Vektoren, die unter **A** auf ein Vielfaches ihrer selbst abgebildet werden, d. h. die um den Faktor λ gestreckt werden. Und gerade dieser Faktor λ wird als Eigenwert bezeichnet.

Die Bedeutung und praktische Relevanz dieser Aspekte wurde bereits in der Einleitung angedeutet. Im fünften Gliederungspunkt wird dies vertieft, indem einige Anwendungsbeispiele für die mathematischen Konzepte dieser Arbeit geliefert wurden. Mit Hilfe von Eigenwerten können Wachstums- oder Schrumpfungsprozesse beschrieben werden oder Prozesse, in denen sich ein stationärer Zustand einstellt. Dies wird dann als Markovprozess bezeichnet, worauf noch einmal ausführlich in einer der folgenden Arbeiten eingegangen wird. Außerdem helfen die Eigenwerte bei

[63] Vgl. Rommelfanger/ Eickemeier 2002, S. 152-154.

der Bestimmung der Definitheit einer Matrix. Dies ist bei der Bestimmung eines Optimums, also bei Maximierungs- und Minimierungsaufgaben, wichtig. Als letztes wurde auf den Einsatz der Eigenwerte im Rahmen von Entscheidungsproblemen bei mehreren Zielen hingewiesen. Die Gewichtevektoren für die jeweiligen Ziele werden mit Hilfe der Eigenwertmethode nach Saaty bestimmt. Daran erkennt man, wie vielfältig das Anwendungsgebiet des mathematischen Konzeptes ist, das in dieser Arbeit vorgestellt wurde.

Literaturverzeichnis

Bosch, Karl/ Jensen, Uwe: Großes Lehrbuch der Mathematik für Ökonomen, 8. Aufl., Oldenbourg Verlag, München – Wien 1994.

Bücker, Rüdiger: Mathematik für Wirtschaftswissenschaftler, 5.Aufl., Oldenbourg Verlag, München - Wien 1998.

Köhler, Harald: Lineare Algebra, 3. Aufl., Hanser Verlag, München - Wien 1998.

Ohse, Dietrich: Mathematik für Wirtschaftswissenschaftler - Lineare Wirtschaftsalgebra, Bd. 2, 4. Aufl.,Vahlen Verlag, München 2000.

Opitz, Otto: Mathematik – Lehrbuch für Ökonomen, 5. Aufl., Oldenbourg Verlag, München - Wien 1995.

Radbruch, Knut: Mathematische Spuren in der Literatur, Wissenschaftliche Buchgesellschaft, Darmstadt 1997.

Rommelfanger, Heinrich: Mathematik für Wirtschaftswissenschaftler, Bd.2, 5. Aufl., Spektrum Akademischer Verlag, Heidelberg - Berlin 2002.

Rommelfanger, Heinrich/ Eickemeier, Susanne: Entscheidungstheorie, Springer Verlag, Berlin u.a. 2002.

Schmidt, Klaus: Mathematik – Grundlagen für Wirtschaftswissenschaftler, 2. Aufl., Springer Verlag, Berlin u. a. 2000.

Zurmühl, Rudolf: Matrizen, 4.Aufl., Springer Verlag, Berlin – Göttingen – Heidelberg 1964.

Symbolverzeichnis

$\mathbf{R}$	Menge der reellen Zahlen
$\mathbf{R}^0$	Menge der nichtnegativen reellen Zahlen
$\mathbf{R}^n$	n-te cartesische Potenz von **R**
$y \in \mathbf{R}$	y ist Element von **R**
$\forall$	für alle
$\Leftrightarrow$	ist äquivalent
$\Rightarrow$	Aus...folgt...
$\mathbf{a} = \begin{pmatrix} a_1 \\ a_2 \\ \vdots \\ a_n \end{pmatrix}$	Spaltenvektor
$\mathbf{a}^T = (a_1, a_2, \ldots, a_n)$	Zeilenvektor
$\mathbf{0}$	Nullvektor
$\lVert \mathbf{a} \rVert$	Norm von **a**
$\mathbf{A} = \begin{pmatrix} a_{11} & \cdots & a_{1n} \\ \vdots & \ddots & \vdots \\ a_{m1} & \cdots & a_{mn} \end{pmatrix} = (a_{ij})$	nxm-Matrix mit den Elementen a_{ij}
$\mathbf{A}^T = \mathbf{A}'$	transponierte Matrix zu **A**
$\mathbf{A}^n$	n-te Potenz der Matrix **A**
Rg(**A**)	Rang der Matrix **A**
$\mathbf{A}^{-1}$	Inverse Matrix
$\det \mathbf{A} = \lvert \mathbf{A} \rvert = \begin{vmatrix} a_{11} & \cdots & a_{1n} \\ \vdots & \ddots & \vdots \\ a_{n1} & \cdots & a_{nn} \end{vmatrix}$	Determinante zur nxn-Matrix **A**
Q(**x**)	quadratische Form

Anhang

Beispiel 1: Es gibt unendlich viel ähnliche Matrizen von einer Matrix **A.**[64]

$$\mathbf{A} = \begin{pmatrix} 2 & 2 \\ 2 & -1 \end{pmatrix}$$

$$\text{(i) } \mathbf{C}_1 = \begin{pmatrix} 2 & 1 \\ -2 & 1 \end{pmatrix} \quad \Rightarrow \quad \mathbf{C}_1^{-1} = \begin{pmatrix} \frac{1}{4} & -\frac{1}{4} \\ \frac{1}{2} & \frac{1}{2} \end{pmatrix}$$

$$\mathbf{B}_1 = \mathbf{C}_1^{-1} \cdot \mathbf{A} \cdot \mathbf{C}_1$$

$$= \begin{pmatrix} \frac{1}{4} & -\frac{1}{4} \\ \frac{1}{2} & \frac{1}{2} \end{pmatrix} \cdot \begin{pmatrix} 2 & 2 \\ 2 & -1 \end{pmatrix} \cdot \begin{pmatrix} 2 & 1 \\ -2 & 1 \end{pmatrix}$$

$$= \begin{pmatrix} -\frac{3}{2} & \frac{3}{4} \\ 3 & \frac{5}{2} \end{pmatrix}$$

$\mathbf{B}_1$ ist ähnlich zur Matrix **A**.

$$\text{(ii) } \mathbf{C}_2 = \begin{pmatrix} 2 & 4 \\ 1 & -1 \end{pmatrix} \quad \Rightarrow \quad \mathbf{C}_2^{-1} = \begin{pmatrix} \frac{1}{6} & \frac{2}{3} \\ \frac{1}{6} & -\frac{1}{3} \end{pmatrix}$$

$$\mathbf{B}_2 = \mathbf{C}_2^{-1} \cdot \mathbf{A} \cdot \mathbf{C}_2$$

$$= \begin{pmatrix} \frac{1}{6} & \frac{2}{3} \\ \frac{1}{6} & -\frac{1}{3} \end{pmatrix} \cdot \begin{pmatrix} 2 & 2 \\ 2 & -1 \end{pmatrix} \cdot \begin{pmatrix} 2 & 4 \\ 1 & -1 \end{pmatrix}$$

$$= \begin{pmatrix} 3 & 7 \\ 0 & -2 \end{pmatrix}$$

$\mathbf{B}_2$ ist ebenfalls ähnlich zur Matrix **A**.

[64] Vgl. Ohse 2000, S.317

Beispiel 2: Berechnung einer ähnlichen Diagonalmatrix für die Matrix **A**.[65]

Es sei $\mathbf{A} = \begin{pmatrix} 2 & 2 \\ 2 & -1 \end{pmatrix}$

Die Matrix $\mathbf{C} = \begin{pmatrix} \frac{2}{\sqrt{5}} & -\frac{1}{\sqrt{5}} \\ \frac{1}{\sqrt{5}} & \frac{2}{\sqrt{5}} \end{pmatrix} \Rightarrow \quad \mathbf{C}^{-1} = \begin{pmatrix} \frac{2}{\sqrt{5}} & \frac{1}{\sqrt{5}} \\ -\frac{1}{\sqrt{5}} & \frac{2}{\sqrt{5}} \end{pmatrix}$

wird die Matrix **A** in eine ähnliche Diagonalmatrix transformieren.

$$\mathbf{D} = \mathbf{C}^{-1} \cdot \mathbf{A} \cdot \mathbf{C}$$

$$= \begin{pmatrix} \frac{2}{\sqrt{5}} & \frac{1}{\sqrt{5}} \\ -\frac{1}{\sqrt{5}} & \frac{2}{\sqrt{5}} \end{pmatrix} \cdot \begin{pmatrix} 2 & 2 \\ 2 & -1 \end{pmatrix} \cdot \begin{pmatrix} \frac{2}{\sqrt{5}} & -\frac{1}{\sqrt{5}} \\ \frac{1}{\sqrt{5}} & \frac{2}{\sqrt{5}} \end{pmatrix}$$

$$= \begin{pmatrix} 3 & 0 \\ 0 & -2 \end{pmatrix}$$

Die Eigenwerte λ_1 bzw. λ_2 können direkt aus dieser Matrix abgelesen werden und entsprechen gerade den Diagonalelementen.

[65] Vgl. Ohse 2000, S.318f